Dear parents,

As a mom and as an educator, I am Workbook series with all of you. I d elementary school, utilizing all of m~ ~r.~ence that I have gained while studying and working i~ ~~~ ~~~~s of Elementary Education and Gifted Education in South Korea as well as in the United States.

While raising my kids in the U.S., I had great disappointment and dissatisfaction about the math curriculum in the public schools. Based on my analysis, students cannot succeed in math with the current school curriculum because there is no sequential building up of fundamental skills. This is akin to building a castle on sand. So instead, I wanted to find a good workbook, but couldn't. And I also tried to find a tutor, but the price was too expensive for me. These are the reasons why I decided to make the Tiger Math series on my own.

The Tiger Math series was designed based on my three beliefs toward elementary math education.

1. It is extremely important to build foundation of math by acquiring a sense of numbers and mastering the four operation skills in terms of addition, subtraction, multiplication, and division.
2. In math, one should go through all steps in order, step by step, and cannot jump from level 1 to 3.
3. Practice math every day, even if only for 10 minutes.

If you feel that you don't know where your child should start, just choose a book in the Tiger Math series where your child thinks he/she can complete most of the material. And encourage your child to do only 2 sheets every day. When your child finishes the 2 sheets, review them together and encourage your child about his/her daily accomplishment.

I hope that the Tiger Math series can become a stepping stone for your child in gaining confidence and for making them interested in math as it has for my kids. Good luck!

Michelle Y. You, Ph.D.
Founder and CEO of Tiger Math

ACT scores show that only one out of four high school graduates are prepared to learn in college. This preparation needs to start early. In terms of basic math skills, being proficient in basic calculation means a lot. Help your child succeed by imparting basic math skills through hard work.

Sungwon S. Kim, Ph.D.
Engineering professor

Level D – 1: Plan of Study

Goal A	Practice adding two 2 digit numbers with carrying. (Week 1 ~ 2)
Goal B	Practice adding two 2 digit numbers with multiple carrying. (Week 3 ~ 4)

Week 1

Day	Tiger Session		Topic	Goal
Mon	1	2	Addition: 2 digits + 2 digits	(10 ~ 99) + (10 ~ 99) with carrying resulting in sum less than 100
Tue	3	4		
Wed	5	6		
Thu	7	8		
Fri	9	10		

Week 2

Day	Tiger Session		Topic	Goal
Mon	11	12	Addition: 2 digits + 2 digits	(10 ~ 99) + (10 ~ 99) with carrying resulting in sum less than 100
Tue	13	14		
Wed	15	16		
Thu	17	18		
Fri	19	20		

Week 3

Day	Tiger Session		Topic	Goal
Mon	21	22	Addition: 2 digits + 2 digits	(10 ~ 99) + (10 ~ 99) with carrying multiple times resulting in sum equal to or greater than 100
Tue	23	24		
Wed	25	26		
Thu	27	28		
Fri	29	30		

Week 4

Day	Tiger Session		Topic	Goal
Mon	31	32	Addition: 2 digits + 2 digits	(10 ~ 99) + (10 ~ 99) with carrying multiple times resulting in sum equal to or greater than 100
Tue	33	34		
Wed	35	36		
Thu	37	38		
Fri	39	40		

Week 1

This week's goal is to practice adding two 2 digit numbers with carrying resulting in a sum less than 100.

Tiger Session

Monday	1 2
Tuesday	3 4
Wednesday	5 6
Thursday	7 8
Friday	9 10

1

2 digits + 2 digits ①

♠ **Add.**

Example

$$\begin{array}{r} 1\ 8 \\ +\ 2\ 7 \\ \hline \end{array}$$

$$\begin{array}{r} ^1 \\ 1\ 8 \\ +\ 2\ 7 \\ \hline 5 \end{array}$$
②←①

➡

$$\begin{array}{r} ^1 \\ 1\ 8 \\ +\ 2\ 7 \\ \hline 4\ 5 \end{array}$$
②←①

---

(1)
$$\begin{array}{r} 1\ 3 \\ +\ 5\ 8 \\ \hline 7\ 1 \end{array}$$
②←①

(2)
$$\begin{array}{r} 2\ 9 \\ +\ 3\ 2 \\ \hline 6\ 1 \end{array}$$
②←①

(3)
$$\begin{array}{r} 1\ 5 \\ +\ 5\ 5 \\ \hline 7\ 0 \end{array}$$

(4)
$$\begin{array}{r} 2\ 5 \\ +\ 4\ 3 \\ \hline 6\ 8 \end{array}$$

8|30|18

(5)
16
+ 66
82

(6)
29
+ 70
99

(7)
13
+ 17
30

(8)
17
+ 26
43

(9)
28
+ 49
77

(10)
14
+ 52
66

(11)
18
+ 16
34

(12)
22
+ 39
61

(13)
10
+ 40
50

(14)
16
+ 55
71

6

Level D – 1

2 2 digits + 2 digits ②

♠ **Add.**

(1)
```
   [1]
    2 8
  + 1 2
  -----
    4 0
  ②←①
```

(2)
```
   [1]
    1 4
  + 6 9
  -----
    8 3
  ②←①
```

(3)
```
    1
    1 7
  + 2 9
  -----
    4 6
```

(4)
```
    2 6
  + 4 1
  -----
    6 7
```

(5)
```
    1
    1 3
  + 2 7
  -----
    4 0
```

(6)
```
    2 6
  + 5 0
  -----
    7 6
```

(7)
```
    1
    1 4
  + 6 9
  -----
    8 3
```

(8)
```
    2 3
  + 6 4
  -----
    8 7
```

9) There were 26 birds sitting in a tree. 15 more birds come and sit in the tree. Now how many birds are in the tree in total?

Equation: $\begin{array}{r} 26 \\ +15 \\ \hline 41 \end{array}$ $26 + 15 = 41$

Answer: 41

10) Ryan's family went to an apple orchard over the weekend. Ryan picked 38 apples, and his sister picked 45 apples. Haw many apples did the two of them pick in total?

Equation: $\begin{array}{r} 38 \\ +45 \end{array}$

Answer: 83

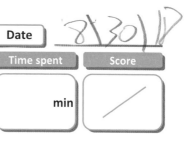

3   2 digits + 2 digits ③

♠ **Add.**

(1)
```
  [1]
    3 9
  + 2 9
  -----
    6 8
   ②←①
```

(2)
```
  [1]
    3 4
  + 1 7
  -----
    5 1
   ②←①
```

(3)
```
    3 0
  + 1 5
  -----
    4 5
```

(4)
```
   1
    4 8
  + 4 9
  -----
    9 7
```

(5)
```
   1
    3 7
  + 3 6
  -----
    7 3
```

(6)
```
    3 1
  + 5 5
  -----
    8 6
```

(7)
```
   1
    4 9
  + 1 6
  -----
    6 5
```

(8)
```
    3 4
  + 3 0
  -----
    6 4
```

(9)
$$
\begin{array}{r}
\overset{1}{4}\,7 \\
+\ 3\,7 \\
\hline
8\ 4
\end{array}
$$

(10)
$$
\begin{array}{r}
\overset{1}{4}\,9 \\
+\ 1\,7 \\
\hline
6\ 6
\end{array}
$$

(11)
$$
\begin{array}{r}
\overset{1}{4}\,7 \\
+\ 4\,9 \\
\hline
9\ 6
\end{array}
$$

(12)
$$
\begin{array}{r}
\overset{1}{3}\,9 \\
+\ 1\,1 \\
\hline
5\,0
\end{array}
$$

(13)
$$
\begin{array}{r}
\overset{1}{3}\,3 \\
+\ 2\,7 \\
\hline
6\,0
\end{array}
$$

(14)
$$
\begin{array}{r}
4\,0 \\
+\ 1\,3 \\
\hline
\end{array}
$$

(15)
$$
\begin{array}{r}
4\,5 \\
+\ 5\,3 \\
\hline
\end{array}
$$

(16)
$$
\begin{array}{r}
3\,3 \\
+\ 3\,7 \\
\hline
\end{array}
$$

(17)
$$
\begin{array}{r}
4\,3 \\
+\ 3\,8 \\
\hline
\end{array}
$$

(18)
$$
\begin{array}{r}
3\,8 \\
+\ 3\,1 \\
\hline
\end{array}
$$

2 digits + 2 digits ④

♠ **Add.**

(1)
```
    □
    4 3
  + 2 7
  -------
  ② ← ①
```

(2)
```
    □
    3 9
  + 1 3
  -------
  ② ← ①
```

(3)
```
    3 2
  + 5 7
  -------
```

(4)
```
    3 5
  + 1 1
  -------
```

(5)
```
    3 6
  + 3 8
  -------
```

(6)
```
    3 8
  + 3 2
  -------
```

(7)
```
    4 7
  + 1 5
  -------
```

(8)
```
    3 8
  + 4 7
  -------
```

9) At Rosa Parks Elementary School, there are 45 students in the 3rd grade and 48 students in the 4th grade. How many total students are in 3rd and 4th grades?

Equation: _____

Answer: _____

10) My mom is 37 years old, and my dad is 43 years old. What is their total age added together?

Equation: _____

Answer: _____

♠ **Add.**

(1)
```
   □
   5 9
 + 1 3
```
②←①

(2)
```
   □
   6 8
 + 1 5
```
②←①

(3)
```
   6 5
 + 2 8
```

(4)
```
   5 0
 + 2 7
```

(5)
```
   5 8
 + 1 4
```

(6)
```
   5 7
 + 1 8
```

(7)
```
   5 5
 + 2 0
```

(8)
```
   6 7
 + 1 4
```

(9)
$$\begin{array}{r} 53 \\ +\ 24 \\ \hline \end{array}$$

(10)
$$\begin{array}{r} 58 \\ +\ 22 \\ \hline \end{array}$$

(11)
$$\begin{array}{r} 59 \\ +\ 28 \\ \hline \end{array}$$

(12)
$$\begin{array}{r} 64 \\ +\ 17 \\ \hline \end{array}$$

(13)
$$\begin{array}{r} 63 \\ +\ 27 \\ \hline \end{array}$$

(14)
$$\begin{array}{r} 53 \\ +\ 22 \\ \hline \end{array}$$

(15)
$$\begin{array}{r} 57 \\ +\ 14 \\ \hline \end{array}$$

(16)
$$\begin{array}{r} 68 \\ +\ 14 \\ \hline \end{array}$$

(17)
$$\begin{array}{r} 52 \\ +\ 18 \\ \hline \end{array}$$

(18)
$$\begin{array}{r} 66 \\ +\ 15 \\ \hline \end{array}$$

Date _____

Time spent | Score

min

♠ **Add.**

(1)
```
  □
  6 5
+ 2 5
―――
  ②←①
```

(2)
```
  □
  5 7
+ 1 8
―――
  ②←①
```

(3)
```
  5 3
+ 2 8
―――
```

(4)
```
  5 9
+ 1 7
―――
```

(5)
```
  5 2
+ 3 8
―――
```

(6)
```
  6 4
+ 1 5
―――
```

(7)
```
  6 7
+ 2 5
―――
```

(8)
```
  5 6
+ 2 6
―――
```

9) While driving on a highway, Ryan saw 65 cows and 27 sheep. How many cows and sheep did Ryan see in total?

Equation: _____

Answer: _____

10) Ryan made a castle using toy blocks. He used 38 gold blocks and 59 silver blocks. How many blocks did he use in total?

Equation: _____

Answer: _____

7

2 digits + 2 digits ⑦

♠ **Add.**

(1)
```
   □
   7 3
 + 1 8
 ───────
 ② ← ①
```

(2)
```
   □
   7 7
 + 1 9
 ───────
 ② ← ①
```

(3)
```
   8 4
 + 1 1
 ───────
```

(4)
```
   7 5
 + 1 5
 ───────
```

(5)
```
   7 0
 + 1 8
 ───────
```

(6)
```
   7 6
 + 1 1
 ───────
```

(7)
```
   7 7
 + 1 6
 ───────
```

(8)
```
   8 2
 + 1 3
 ───────
```

(9)
$$\begin{array}{r} 8\,0 \\ +\ 1\,5 \\ \hline \end{array}$$

(10)
$$\begin{array}{r} 7\,9 \\ +\ 1\,3 \\ \hline \end{array}$$

(11)
$$\begin{array}{r} 8\,3 \\ +\ 1\,5 \\ \hline \end{array}$$

(12)
$$\begin{array}{r} 7\,7 \\ +\ 1\,5 \\ \hline \end{array}$$

(13)
$$\begin{array}{r} 7\,7 \\ +\ 1\,0 \\ \hline \end{array}$$

(14)
$$\begin{array}{r} 7\,5 \\ +\ 1\,7 \\ \hline \end{array}$$

(15)
$$\begin{array}{r} 8\,2 \\ +\ 1\,5 \\ \hline \end{array}$$

(16)
$$\begin{array}{r} 7\,9 \\ +\ 1\,2 \\ \hline \end{array}$$

(17)
$$\begin{array}{r} 7\,3 \\ +\ 1\,7 \\ \hline \end{array}$$

(18)
$$\begin{array}{r} 7\,1 \\ +\ 1\,7 \\ \hline \end{array}$$

8 **2 digits + 2 digits** ⑧

♠ **Add.**

(1)
$$\begin{array}{r} \square \\ 7\ 4 \\ +\ 1\ 8 \\ \hline \end{array}$$
② ← ①

(2)
$$\begin{array}{r} \square \\ 7\ 3 \\ +\ 1\ 7 \\ \hline \end{array}$$
② ← ①

(3)
$$\begin{array}{r} 8\ 2 \\ +\ 1\ 5 \\ \hline \end{array}$$

(4)
$$\begin{array}{r} 8\ 0 \\ +\ 1\ 9 \\ \hline \end{array}$$

(5)
$$\begin{array}{r} 7\ 6 \\ +\ 1\ 6 \\ \hline \end{array}$$

(6)
$$\begin{array}{r} 7\ 1 \\ +\ 1\ 5 \\ \hline \end{array}$$

(7)
$$\begin{array}{r} 8\ 4 \\ +\ 1\ 1 \\ \hline \end{array}$$

(8)
$$\begin{array}{r} 7\ 2 \\ +\ 1\ 9 \\ \hline \end{array}$$

9) Ryan and Christine jumped rope today. Ryan jump roped 57 times, and Christine jump roped 28 times. How many times did they jump rope all together?

Equation: _____

Answer: _____

10) Yesterday I ran for 33 minutes. Today I ran for 35 minutes. How many total minutes did I run yesterday and today?

Equation: _____

Answer: _____

2 digits + 2 digits ⑨

♠ **Add.**

(1)
$$\begin{array}{r} \square \\ 4\ 9 \\ +\ 3\ 4 \\ \hline \end{array}$$
②←①

(2)
$$\begin{array}{r} \square \\ 7\ 7 \\ +\ 1\ 7 \\ \hline \end{array}$$
②←①

(3)
$$\begin{array}{r} 8\ 2 \\ +\ 1\ 1 \\ \hline \end{array}$$

(4)
$$\begin{array}{r} 3\ 7 \\ +\ 3\ 5 \\ \hline \end{array}$$

(5)
$$\begin{array}{r} 3\ 1 \\ +\ 2\ 9 \\ \hline \end{array}$$

(6)
$$\begin{array}{r} 6\ 2 \\ +\ 1\ 6 \\ \hline \end{array}$$

(7)
$$\begin{array}{r} 1\ 2 \\ +\ 1\ 8 \\ \hline \end{array}$$

(8)
$$\begin{array}{r} 1\ 9 \\ +\ 4\ 6 \\ \hline \end{array}$$

(9)
$$\begin{array}{r} 32 \\ +\ 28 \\ \hline \end{array}$$

(10)
$$\begin{array}{r} 29 \\ +\ 26 \\ \hline \end{array}$$

(11)
$$\begin{array}{r} 85 \\ +\ 13 \\ \hline \end{array}$$

(12)
$$\begin{array}{r} 22 \\ +\ 49 \\ \hline \end{array}$$

(13)
$$\begin{array}{r} 64 \\ +\ 28 \\ \hline \end{array}$$

(14)
$$\begin{array}{r} 15 \\ +\ 56 \\ \hline \end{array}$$

(15)
$$\begin{array}{r} 71 \\ +\ 17 \\ \hline \end{array}$$

(16)
$$\begin{array}{r} 25 \\ +\ 17 \\ \hline \end{array}$$

(17)
$$\begin{array}{r} 14 \\ +\ 73 \\ \hline \end{array}$$

(18)
$$\begin{array}{r} 32 \\ +\ 58 \\ \hline \end{array}$$

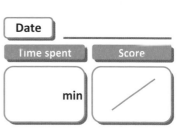

Date _____

Time spent   Score

min

♠ **Add.**

(1)
```
  □
  6 9
+ 1 8
───────
```
② ← ①

(2)
```
  □
  1 9
+ 2 2
───────
```
② ← ①

(3)
```
  1 7
+ 2 8
───────
```

(4)
```
  6 1
+ 1 9
───────
```

(5)
```
  4 9
+ 1 8
───────
```

(6)
```
  5 2
+ 2 6
───────
```

(7)
```
  2 0
+ 4 8
───────
```

(8)
```
  7 6
+ 2 0
───────
```

9) Last year, I read 38 books. If I read 39 books this year, how many books did I read last year and this year in total?

Equation: _____

Answer: _____

10) There were 61 trees in the park. If 32 more trees are planted there, how many trees will be in the park in total?

Equation: _____

Answer: _____

Week 2

This week's goal is to practice adding two 2 digit numbers with carrying resulting in a sum less than 100.

Tiger Session

Day		
Monday	11	12
Tuesday	13	14
Wednesday	15	16
Thursday	17	18
Friday	19	20

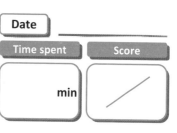

♠ **Add.**

(1)
```
  □
  1 3
+ 2 9
———
```
②←①

(2)
```
  □
  3 8
+ 2 7
———
```
②←①

(3)
```
  1 9
+ 1 8
———
```

(4)
```
  8 0
+ 1 7
———
```

(5)
```
  1 1
+ 1 8
———
```

(6)
```
  3 9
+ 2 6
———
```

(7)
```
  4 5
+ 3 8
———
```

(8)
```
  5 2
+ 3 7
———
```

(9)
$$
\begin{array}{r}
2\,9 \\
+\ 3\,5 \\
\hline
\end{array}
$$

(10)
$$
\begin{array}{r}
3\,8 \\
+\ 4\,8 \\
\hline
\end{array}
$$

(11)
$$
\begin{array}{r}
6\,0 \\
+\ 2\,5 \\
\hline
\end{array}
$$

(12)
$$
\begin{array}{r}
6\,5 \\
+\ 2\,8 \\
\hline
\end{array}
$$

(13)
$$
\begin{array}{r}
7\,2 \\
+\ 1\,9 \\
\hline
\end{array}
$$

(14)
$$
\begin{array}{r}
1\,6 \\
+\ 5\,8 \\
\hline
\end{array}
$$

(15)
$$
\begin{array}{r}
4\,5 \\
+\ 3\,8 \\
\hline
\end{array}
$$

(16)
$$
\begin{array}{r}
5\,0 \\
+\ 2\,8 \\
\hline
\end{array}
$$

(17)
$$
\begin{array}{r}
4\,9 \\
+\ 2\,9 \\
\hline
\end{array}
$$

(18)
$$
\begin{array}{r}
7\,8 \\
+\ 1\,8 \\
\hline
\end{array}
$$

12 **2 digits + 2 digits** ⑫

♠ **Add.**

(1)
```
  □
  7 3
+ 1 8
―――――
  ②←①
```

(2)
```
  □
  4 9
+ 2 5
―――――
  ②←①
```

(3)
```
  1 5
+ 2 6
―――――
```

(4)
```
  6 8
+ 2 4
―――――
```

(5)
```
  2 9
+ 1 8
―――――
```

(6)
```
  5 8
+ 3 2
―――――
```

(7)
```
  4 9
+ 3 8
―――――
```

(8)
```
  3 6
+ 3 7
―――――
```

9) Ryan runs a hamburger restaurant. He sold 46 hamburgers yesterday and 37 hamburgers today. How many hamburgers did he sell yesterday and today in total?

Equation: _____

Answer: _____

10) There are 35 gold fish and 27 yellow fish in a pond. How many fish are in the pond in total?

Equation: _____

Answer: _____

13

2 digits + 2 digits ⑬

♠ **Add.**

(1)
```
  □
  2 7
+ 3 5
───────
```
②←①

(2)
```
  □
  1 4
+ 2 8
───────
```
②←①

(3)
```
  3 0
+ 1 6
───────
```

(4)
```
  3 6
+ 2 7
───────
```

(5)
```
  7 2
+ 1 2
───────
```

(6)
```
  4 5
+ 2 3
───────
```

(7)
```
  8 4
+ 1 4
───────
```

(8)
```
  6 3
+ 1 7
───────
```

(9)
```
   79
+  15
─────
```

(10)
```
   65
+  15
─────
```

(11)
```
   32
+  48
─────
```

(12)
```
   18
+  53
─────
```

(13)
```
   19
+  18
─────
```

(14)
```
   64
+  15
─────
```

(15)
```
   47
+  27
─────
```

(16)
```
   63
+  28
─────
```

(17)
```
   71
+  18
─────
```

(18)
```
   58
+  24
─────
```

14

2 digits + 2 digits ⑭

min

♠ **Add.**

(1)
```
    □
   7 7
 + 1 8
 ───────
  ② ← ①
```

(2)
```
    □
   4 2
 + 2 9
 ───────
  ② ← ①
```

(3)
```
   5 8
 + 1 5
 ──────
```

(4)
```
   6 9
 + 1 4
 ──────
```

(5)
```
   4 1
 + 1 8
 ──────
```

(6)
```
   5 6
 + 2 5
 ──────
```

(7)
```
   7 4
 + 1 8
 ──────
```

(8)
```
   2 7
 + 3 4
 ──────
```

9) Ryan received 27 emails last month and 31 emails this month. How many total emails did he receive last month and this month all together?

Equation: _____

Answer: _____

10) On a train, there are 65 adults and 16 children. How many total people are on the train?

Equation: _____

Answer: _____

Date _____

Time spent   Score

min

♠ **Add.**

(1)
```
  □
  2 4
+ 5 9
```
②←①

(2)
```
  □
  5 2
+ 1 8
```
②←①

(3)
```
  3 5
+ 3 0
```

(4)
```
  7 1
+ 1 9
```

(5)
```
  3 7
+ 2 5
```

(6)
```
  3 1
+ 2 6
```

(7)
```
  5 7
+ 3 8
```

(8)
```
  7 8
+ 1 4
```

(9)
```
   25
+ 50
─────
```

(10)
```
   63
+ 14
─────
```

(11)
```
   39
+ 48
─────
```

(12)
```
   85
+ 12
─────
```

(13)
```
   28
+ 27
─────
```

(14)
```
   64
+ 22
─────
```

(15)
```
   26
+ 58
─────
```

(16)
```
   53
+ 24
─────
```

(17)
```
   65
+ 29
─────
```

(18)
```
   42
+ 18
─────
```

16   2 digits + 2 digits ⑯

♠ **Add.**

(1)
```
    □
    5 6
  + 2 7
  _____
  ② ← ①
```

(2)
```
    □
    6 9
  + 1 8
  _____
  ② ← ①
```

(3)
```
    1 2
  + 2 9
  _____
```

(4)
```
    3 5
  + 3 5
  _____
```

(5)
```
    6 2
  + 1 6
  _____
```

(6)
```
    4 7
  + 2 6
  _____
```

(7)
```
    7 8
  + 2 1
  _____
```

(8)
```
    5 3
  + 2 9
  _____
```

9) Ryan read 45 pages of a book last week and 35 pages of a book this week. How many total pages did he read last week and this week in total?

Equation: _____

Answer: _____

10) It was sunny for 21 days last month and for 17 days this month. How many days was it sunny for last month and this month all together?

Equation: _____

Answer: _____

2 digits + 2 digits ⑰

♠ **Add.**

(1)
```
    □
    6 1
+   2 9
———————
```
② ← ①

(2)
```
    □
    5 3
+   1 9
———————
```
② ← ①

(3)
```
    6 6
+   2 2
———————
```

(4)
```
    7 0
+   2 4
———————
```

(5)
```
    1 1
+   1 8
———————
```

(6)
```
    5 6
+   1 7
———————
```

(7)
```
    2 4
+   3 8
———————
```

(8)
```
    3 1
+   2 6
———————
```

(9)
```
   1 8
 + 3 6
```

(10)
```
   7 4
 + 1 7
```

(11)
```
   3 1
 + 1 9
```

(12)
```
   6 9
 + 2 3
```

(13)
```
   3 5
 + 3 7
```

(14)
```
   4 0
 + 5 6
```

(15)
```
   5 3
 + 2 8
```

(16)
```
   5 1
 + 1 5
```

(17)
```
   3 9
 + 1 6
```

(18)
```
   6 6
 + 2 5
```

18

2 digits + 2 digits ⑱

♠ **Add.**

(1)
```
    □
    6 4
+   1 8
───────
```
②←①

(2)
```
    □
    5 6
+   2 5
───────
```
②←①

(3)
```
    4 3
+   1 9
───────
```

(4)
```
    2 8
+   2 4
───────
```

(5)
```
    6 1
+   2 2
───────
```

(6)
```
    4 2
+   4 5
───────
```

(7)
```
    5 7
+   1 7
───────
```

(8)
```
    7 3
+   1 7
───────
```

9) During a camping trip, Ryan picked up 23 fallen leaves. If Christine, picked up 18 mores leaves than Ryan, how many leaves did Christine pick up?

Equation: _____

Answer: _____

10) There were 37 passengers on a train. At a train station, if 29 more passengers get on without anybody getting off the train, how many total passengers are now on the train?

Equation: _____

Answer: _____

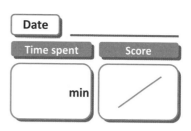

♠ **Add.**

(1)
```
  □
  6 2
+ 2 8
─────
```
②←①

(2)
```
  □
  4 4
+ 2 7
─────
```
②←①

(3)
```
  5 1
+ 1 8
─────
```

(4)
```
  6 5
+ 1 7
─────
```

(5)
```
  7 9
+ 1 0
─────
```

(6)
```
  5 3
+ 1 5
─────
```

(7)
```
  7 4
+ 1 6
─────
```

(8)
```
  2 5
+ 2 6
─────
```

(9)
```
  8 1
+ 1 5
```

(10)
```
  2 4
+ 1 5
```

(11)
```
  3 7
+ 2 8
```

(12)
```
  5 6
+ 1 9
```

(13)
```
  5 3
+ 3 7
```

(14)
```
  7 2
+ 1 9
```

(15)
```
  1 2
+ 4 9
```

(16)
```
  2 9
+ 4 5
```

(17)
```
  3 8
+ 5 3
```

(18)
```
  4 2
+ 3 6
```

20 **2 digits + 2 digits** ⑳

♠ **Add.**

(1)
```
     □
   3 6
 + 3 5
 ─────
  ②←①
```

(2)
```
     □
   2 7
 + 1 4
 ─────
  ②←①
```

(3)
```
   3 5
 + 1 2
 ─────
```

(4)
```
   4 6
 + 2 4
 ─────
```

(5)
```
   5 5
 + 2 2
 ─────
```

(6)
```
   4 9
 + 3 3
 ─────
```

(7)
```
   4 2
 + 1 6
 ─────
```

(8)
```
   7 7
 + 1 4
 ─────
```

9) Ryan has 25 pencils. If Evan has 16 more pencils than Ryan, how many pencils does Evan have?

Equation: _____

Answer: _____

10) In a park, there were 48 people playing. If 18 more people come to the park, how many total people are now in the park?

Equation: _____

Answer: _____

Week 3

This week's goal is to practice adding two 2 digit numbers with carrying multiple times resulting in a sum equal or greater than 100.

Tiger Session

Monday	21	22
Tuesday	23	24
Wednesday	25	26
Thursday	27	28
Friday	29	30

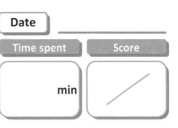

♠ **Add.**

Example

```
    6 7        ¹              ¹
  + 5 6       6 7           6 7
  -------   + 5 6    ➡    + 5 6
             -----         -----
               3           1 2 3
```

(1) ☐
```
      1 6
  +   9 4
  ---------
  ③←②←①
```

(2) ☐
```
      3 6
  +   8 6
  ---------
  ③←②←①
```

(3)
```
    9 4
  + 3 3
  -------
```

(4)
```
    6 7
  + 6 5
  -------
```

(5)
```
   3 4
 + 7 6
 ─────
```

(6)
```
   8 6
 + 4 4
 ─────
```

(7)
```
   6 7
 + 5 4
 ─────
```

(8)
```
   4 4
 + 7 9
 ─────
```

(9)
```
   6 2
 + 6 7
 ─────
```

(10)
```
   9 9
 + 5 0
 ─────
```

(11)
```
   4 9
 + 7 5
 ─────
```

(12)
```
   5 9
 + 7 7
 ─────
```

(13)
```
   5 7
 + 8 4
 ─────
```

(14)
```
   4 6
 + 6 1
 ─────
```

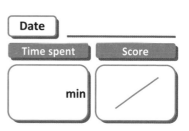
22 **2 digits + 2 digits** ㉒

♠ **Add.**

(1)
$$
\begin{array}{r}
\square \\
7\ 3 \\
+\ \ 3\ 8 \\
\hline
\end{array}
$$
③←②←①

(2)
$$
\begin{array}{r}
\square \\
4\ 1 \\
+\ \ 8\ 9 \\
\hline
\end{array}
$$
③←②←①

(3)
$$
\begin{array}{r}
2\ 3 \\
+\ 9\ 8 \\
\hline
\end{array}
$$

(4)
$$
\begin{array}{r}
8\ 9 \\
+\ 6\ 4 \\
\hline
\end{array}
$$

(5)
$$
\begin{array}{r}
1\ 2 \\
+\ 9\ 3 \\
\hline
\end{array}
$$

(6)
$$
\begin{array}{r}
8\ 2 \\
+\ 1\ 9 \\
\hline
\end{array}
$$

(7)
$$
\begin{array}{r}
4\ 0 \\
+\ 9\ 1 \\
\hline
\end{array}
$$

(8)
$$
\begin{array}{r}
4\ 1 \\
+\ 7\ 3 \\
\hline
\end{array}
$$

9) Ella's family had a garage sale on Saturday and Sunday. They sold 65 items on Saturday and 58 items on Sunday. How many items did they sell in all?

Equation: _____

Answer: _____

10) 76 people visited the zoo yesterday and 69 people visited today. How many people visited the zoo yesterday and today in total?

Equation: _____

Answer: _____

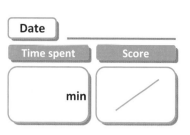

23   2 digits + 2 digits ㉓

♠ **Add.**

(1)
```
    □
    2 3
+   8 4
─────────
  ③←②←①
```

(2)
```
    □
    4 5
+   7 6
─────────
  ③←②←①
```

(3)
```
  5 3
+ 6 2
─────
```

(4)
```
  3 8
+ 8 8
─────
```

(5)
```
  8 1
+ 6 1
─────
```

(6)
```
  8 9
+ 7 0
─────
```

(7)
```
  1 9
+ 8 4
─────
```

(8)
```
  7 9
+ 8 2
─────
```

(9)
```
   8 1
+  2 8
```

(10)
```
   8 2
+  6 8
```

(11)
```
   8 6
+  6 5
```

(12)
```
   6 8
+  7 8
```

(13)
```
   3 6
+  8 4
```

(14)
```
   8 4
+  3 1
```

(15)
```
   4 2
+  6 3
```

(16)
```
   5 5
+  5 7
```

(17)
```
   6 1
+  9 6
```

(18)
```
   3 2
+  6 9
```

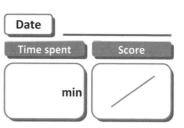

♠ **Add.**

(1)
```
    □
    4 2
+   8 8
─────────
③← ②← ①
```

(2)
```
    □
    6 9
+   7 5
─────────
③← ②← ①
```

(3)
```
   5 0
+  9 1
──────
```

(4)
```
   8 0
+  7 5
──────
```

(5)
```
   6 2
+  4 1
──────
```

(6)
```
   2 1
+  9 2
──────
```

(7)
```
   4 7
+  9 9
──────
```

(8)
```
   4 1
+  7 0
──────
```

9) At a restaurant, 56 people ordered pizza, and 65 people ordered spaghetti. How many people ordered either pizza or spaghetti in all?

Equation: _____

Answer: _____

10) There are 39 green jelly beans and 76 yellow jelly beans on a table. How many jelly beans are on the table all together?

Equation: _____

Answer: _____

25

2 digits + 2 digits ㉕

♠ **Add.**

(1)
$$\begin{array}{r} 6\,6 \\ +\ \ 4\,5 \\ \hline \end{array}$$
③ ← ② ← ①

(2)
$$\begin{array}{r} 3\,9 \\ +\ \ 8\,4 \\ \hline \end{array}$$
③ ← ② ← ①

(3)
$$\begin{array}{r} 7\,5 \\ +\ 8\,8 \\ \hline \end{array}$$

(4)
$$\begin{array}{r} 4\,1 \\ +\ 9\,6 \\ \hline \end{array}$$

(5)
$$\begin{array}{r} 2\,2 \\ +\ 7\,9 \\ \hline \end{array}$$

(6)
$$\begin{array}{r} 9\,2 \\ +\ 8\,9 \\ \hline \end{array}$$

(7)
$$\begin{array}{r} 5\,3 \\ +\ 6\,5 \\ \hline \end{array}$$

(8)
$$\begin{array}{r} 6\,9 \\ +\ 8\,8 \\ \hline \end{array}$$

(9)
$$54 + 74$$

(10)
$$87 + 42$$

(11)
$$49 + 68$$

(12)
$$48 + 92$$

(13)
$$50 + 92$$

(14)
$$29 + 84$$

(15)
$$84 + 66$$

(16)
$$29 + 96$$

(17)
$$99 + 45$$

(18)
$$55 + 50$$

26   2 digits + 2 digits ㉖

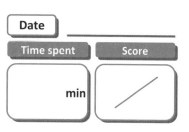

Date _____

Time spent   Score

min

♠ **Add.**

(1)
```
      □
    9 4
  + 5 7
  ─────────
  ③←②←①
```

(2)
```
      □
    7 5
  + 5 9
  ─────────
  ③←②←①
```

(3)
```
    6 4
  + 3 9
  ─────
```

(4)
```
    2 6
  + 8 2
  ─────
```

(5)
```
    7 9
  + 5 9
  ─────
```

(6)
```
    9 4
  + 1 5
  ─────
```

(7)
```
    4 2
  + 9 8
  ─────
```

(8)
```
    5 4
  + 7 2
  ─────
```

9) Mom baked 46 chocolate cookies and 65 oatmeal cookies. How many cookies did she bake in all?

Equation: _____

Answer: _____

10) Mark drove 32 miles yesterday and 78 miles today. How many miles did he drive yesterday and today in all?

Equation: _____

Answer: _____

27

2 digits + 2 digits ㉗

♠ **Add.**

(1)
```
    □
    7 3
 +  2 8
─────────
③←②←①
```

(2)
```
    □
    9 5
 +  5 6
─────────
③←②←①
```

(3)
```
   5 0
 + 9 1
───────
```

(4)
```
   8 5
 + 7 7
───────
```

(5)
```
   9 4
 + 3 8
───────
```

(6)
```
   5 9
 + 6 3
───────
```

(7)
```
   8 6
 + 2 3
───────
```

(8)
```
   7 8
 + 8 6
───────
```

(9)
$$89 + 31$$

(10)
$$67 + 39$$

(11)
$$82 + 57$$

(12)
$$51 + 67$$

(13)
$$63 + 84$$

(14)
$$81 + 92$$

(15)
$$92 + 69$$

(16)
$$48 + 59$$

(17)
$$65 + 74$$

(18)
$$91 + 96$$

2 digits + 2 digits ㉘

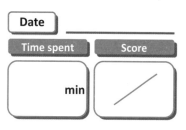

♠ **Add.**

(1)
```
    □
    9 7
+   5 5
```
③←②←①

(2)
```
    □
    9 8
+   6 2
```
③←②←①

(3)
```
  4 8
+ 9 9
```

(4)
```
  7 5
+ 5 2
```

(5)
```
  5 4
+ 5 9
```

(6)
```
  6 0
+ 7 8
```

(7)
```
  9 3
+ 2 8
```

(8)
```
  2 8
+ 8 4
```

9) 56 cats and 45 dogs are playing in the pet gym. How many cats and dogs are playing in all?

Equation: _____

Answer: _____

10) If you read 75 pages of a book last week and 88 pages this week, how many total pages did you read last week and this week all together?

Equation: _____

Answer: _____

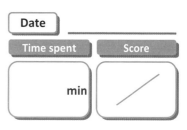

29

2 digits + 2 digits ㉙

♠ **Add.**

(1)
$$
\begin{array}{r}
5\ 4 \\
+\ 9\ 9 \\
\hline
\end{array}
$$
③ ← ② ← ①

(2)
$$
\begin{array}{r}
2\ 8 \\
+\ 8\ 3 \\
\hline
\end{array}
$$
③ ← ② ← ①

(3)
$$
\begin{array}{r}
5\ 9 \\
+\ 9\ 4 \\
\hline
\end{array}
$$

(4)
$$
\begin{array}{r}
6\ 1 \\
+\ 6\ 4 \\
\hline
\end{array}
$$

(5)
$$
\begin{array}{r}
6\ 5 \\
+\ 4\ 7 \\
\hline
\end{array}
$$

(6)
$$
\begin{array}{r}
8\ 8 \\
+\ 3\ 3 \\
\hline
\end{array}
$$

(7)
$$
\begin{array}{r}
3\ 4 \\
+\ 8\ 0 \\
\hline
\end{array}
$$

(8)
$$
\begin{array}{r}
6\ 5 \\
+\ 6\ 7 \\
\hline
\end{array}
$$

(9)
$$\begin{array}{r} 49 \\ +\ 80 \\ \hline \end{array}$$

(10)
$$\begin{array}{r} 39 \\ +\ 67 \\ \hline \end{array}$$

(11)
$$\begin{array}{r} 76 \\ +\ 58 \\ \hline \end{array}$$

(12)
$$\begin{array}{r} 65 \\ +\ 78 \\ \hline \end{array}$$

(13)
$$\begin{array}{r} 37 \\ +\ 65 \\ \hline \end{array}$$

(14)
$$\begin{array}{r} 75 \\ +\ 78 \\ \hline \end{array}$$

(15)
$$\begin{array}{r} 51 \\ +\ 69 \\ \hline \end{array}$$

(16)
$$\begin{array}{r} 33 \\ +\ 84 \\ \hline \end{array}$$

(17)
$$\begin{array}{r} 52 \\ +\ 93 \\ \hline \end{array}$$

(18)
$$\begin{array}{r} 48 \\ +\ 87 \\ \hline \end{array}$$

30

2 digits + 2 digits ㉚

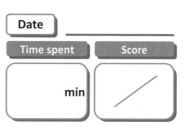

Time spent ___ min

Score

♠ **Add.**

(1)
```
    □
    4 8
+   7 3
─────────
  ③←②←①
```

(2)
```
    □
    3 7
+   6 7
─────────
  ③←②←①
```

(3)
```
  9 9
+ 1 7
```

(4)
```
  9 2
+ 8 1
```

(5)
```
  5 0
+ 9 8
```

(6)
```
  3 9
+ 7 6
```

(7)
```
  6 0
+ 5 8
```

(8)
```
  1 9
+ 8 4
```

9) 90 boys and 82 girls are playing in a park. How many kids are playing in the park in all?

Equation: _____

Answer: _____

10) You read 77 books last year and 59 books this year. How many books did you read last and this year all together?

Equation: _____

Answer: _____

Week 4

This week's goal is to practice adding two 2 digit numbers with carrying multiple times resulting in a sum equal to or greater than 100.

Tiger Session

Day		
Monday	31	32
Tuesday	33	34
Wednesday	35	36
Thursday	37	38
Friday	39	40

31 **2 digits + 2 digits** ㉛

♠ **Add.**

(1)
$$
\begin{array}{r}
3\,2 \\
+\ 7\,8 \\
\hline
\end{array}
$$

(2)
$$
\begin{array}{r}
9\,2 \\
+\ 4\,9 \\
\hline
\end{array}
$$

(3)
$$
\begin{array}{r}
5\,7 \\
+\ 4\,8 \\
\hline
\end{array}
$$

(4)
$$
\begin{array}{r}
8\,8 \\
+\ 5\,7 \\
\hline
\end{array}
$$

(5)
$$
\begin{array}{r}
7\,3 \\
+\ 6\,8 \\
\hline
\end{array}
$$

(6)
$$
\begin{array}{r}
5\,8 \\
+\ 5\,7 \\
\hline
\end{array}
$$

(7)
$$
\begin{array}{r}
5\,6 \\
+\ 7\,9 \\
\hline
\end{array}
$$

(8)
$$
\begin{array}{r}
7\,9 \\
+\ 3\,8 \\
\hline
\end{array}
$$

(9)
```
   9 8
 + 1 2
```

(10)
```
   5 6
 + 7 8
```

(11)
```
   5 6
 + 7 3
```

(12)
```
   5 4
 + 8 2
```

(13)
```
   6 8
 + 3 9
```

(14)
```
   8 6
 + 4 6
```

(15)
```
   2 0
 + 8 9
```

(16)
```
   9 0
 + 3 5
```

(17)
```
   8 1
 + 4 9
```

(18)
```
   8 5
 + 6 5
```

♠ **Add.**

(1)
```
   6 6
 + 4 4
```

(2)
```
   1 3
 + 9 9
```

(3)
```
   4 7
 + 5 8
```

(4)
```
   1 7
 + 8 5
```

(5)
```
   5 8
 + 7 6
```

(6)
```
   2 7
 + 8 9
```

(7)
```
   8 7
 + 5 6
```

(8)
```
   3 8
 + 8 8
```

9) You are building a house with toy blocks. If you use 65 red blocks and 77 blue blocks, how many blocks did you use all together?

Equation: _____

Answer: _____

10) There are 52 pants and 69 t-shirts on display in a store. How many pants and t-shirts are on display all together?

Equation: _____

Answer: _____

♠ **Add.**

(1)
```
   3 6
+  8 8
-------
```

(2)
```
   9 0
+  3 5
-------
```

(3)
```
   2 1
+  9 1
-------
```

(4)
```
   7 6
+  2 9
-------
```

(5)
```
   5 6
+  6 1
-------
```

(6)
```
   9 8
+  7 2
-------
```

(7)
```
   8 3
+  1 9
-------
```

(8)
```
   2 3
+  8 8
-------
```

(9)
```
   4 5
+ 8 2
```

(10)
```
   3 6
+ 7 7
```

(11)
```
   9 8
+ 2 7
```

(12)
```
   5 8
+ 6 6
```

(13)
```
   6 3
+ 7 9
```

(14)
```
   9 2
+ 4 6
```

(15)
```
   3 1
+ 7 9
```

(16)
```
   9 3
+ 3 9
```

(17)
```
   8 3
+ 4 2
```

(18)
```
   1 9
+ 9 1
```

♠ **Add.**

(1)
```
  8 7
+ 5 5
```

(2)
```
  6 3
+ 4 4
```

(3)
```
  3 5
+ 6 9
```

(4)
```
  5 0
+ 8 7
```

(5)
```
  1 5
+ 9 9
```

(6)
```
  5 9
+ 4 3
```

(7)
```
  8 9
+ 5 6
```

(8)
```
  3 0
+ 7 8
```

9) Erik runs a pizza store. He sold 58 pizzas yesterday and 89 pizzas today. How many pizzas did he sell yesterday and today in all?

Equation: _____

Answer: _____

10) There are 76 girls and 79 boys in the 2ⁿᵈ grade of your school. How many total students are in the 2ⁿᵈ grade in all?

Equation: _____

Answer: _____

2 digits + 2 digits ㉟

♠ **Add.**

(1)
```
  6 4
+ 5 8
```

(2)
```
  7 3
+ 9 8
```

(3)
```
  1 4
+ 8 7
```

(4)
```
  6 8
+ 4 6
```

(5)
```
  9 2
+ 3 7
```

(6)
```
  1 5
+ 9 5
```

(7)
```
  6 0
+ 4 8
```

(8)
```
  9 8
+ 3 6
```

(9)
```
   8 2
 + 5 9
 ─────
```

(10)
```
   2 0
 + 8 6
 ─────
```

(11)
```
   1 7
 + 9 5
 ─────
```

(12)
```
   6 5
 + 6 8
 ─────
```

(13)
```
   7 2
 + 4 8
 ─────
```

(14)
```
   8 4
 + 4 6
 ─────
```

(15)
```
   7 4
 + 6 9
 ─────
```

(16)
```
   8 1
 + 7 9
 ─────
```

(17)
```
   5 4
 + 6 7
 ─────
```

(18)
```
   8 7
 + 4 5
 ─────
```

♠ **Add.**

(1)
```
  2 4
+ 8 6
```

(2)
```
  6 8
+ 5 6
```

(3)
```
  2 9
+ 7 6
```

(4)
```
  7 2
+ 4 7
```

(5)
```
  9 2
+ 3 8
```

(6)
```
  6 6
+ 5 5
```

(7)
```
  3 6
+ 7 4
```

(8)
```
  7 4
+ 7 6
```

9) There are 56 jelly beans and 69 chocolates on a table. How many jelly beans and chocolates are on the table in all?

Equation: _____

Answer: _____

10) I worked out for 45 minutes yesterday and for 56 minutes today. How many minutes did I work out yesterday and today all together?

Equation: _____

Answer: _____

2 digits + 2 digits ㊲

♠ **Add.**

(1)
$$\begin{array}{r} 95 \\ +\ 58 \\ \hline \end{array}$$

(2)
$$\begin{array}{r} 64 \\ +\ 77 \\ \hline \end{array}$$

(3)
$$\begin{array}{r} 88 \\ +\ 66 \\ \hline \end{array}$$

(4)
$$\begin{array}{r} 80 \\ +\ 48 \\ \hline \end{array}$$

(5)
$$\begin{array}{r} 96 \\ +\ 34 \\ \hline \end{array}$$

(6)
$$\begin{array}{r} 18 \\ +\ 92 \\ \hline \end{array}$$

(7)
$$\begin{array}{r} 19 \\ +\ 84 \\ \hline \end{array}$$

(8)
$$\begin{array}{r} 65 \\ +\ 75 \\ \hline \end{array}$$

(9)
$$\begin{array}{r} 57 \\ + 75 \\ \hline \end{array}$$

(10)
$$\begin{array}{r} 70 \\ + 67 \\ \hline \end{array}$$

(11)
$$\begin{array}{r} 54 \\ + 59 \\ \hline \end{array}$$

(12)
$$\begin{array}{r} 76 \\ + 58 \\ \hline \end{array}$$

(13)
$$\begin{array}{r} 94 \\ + 48 \\ \hline \end{array}$$

(14)
$$\begin{array}{r} 42 \\ + 68 \\ \hline \end{array}$$

(15)
$$\begin{array}{r} 73 \\ + 68 \\ \hline \end{array}$$

(16)
$$\begin{array}{r} 32 \\ + 78 \\ \hline \end{array}$$

(17)
$$\begin{array}{r} 63 \\ + 67 \\ \hline \end{array}$$

(18)
$$\begin{array}{r} 76 \\ + 38 \\ \hline \end{array}$$

Date _____

Time spent   Score

min

♠ **Add.**

(1)
```
   6 3
 + 6 8
```

(2)
```
   1 5
 + 9 9
```

(3)
```
   7 9
 + 5 4
```

(4)
```
   5 6
 + 5 1
```

(5)
```
   9 9
 + 1 1
```

(6)
```
   4 6
 + 7 8
```

(7)
```
   8 6
 + 5 6
```

(8)
```
   3 8
 + 7 2
```

9) You played piano for 55 minutes yesterday and for 57 minutes today. How many total minutes did you play the piano yesterday and today?

Equation: _____

Answer: _____

10) Mom bought 2 electronic devices which were 68 dollars and 79 dollars each. How much did mom pay?

Equation: _____

Answer: _____

2 digits + 2 digits ㉟

♠ **Add.**

(1)
```
   9 2
 + 1 8
───────
```

(2)
```
   7 5
 + 6 8
───────
```

(3)
```
   7 4
 + 5 7
───────
```

(4)
```
   9 6
 + 2 6
───────
```

(5)
```
   9 8
 + 3 7
───────
```

(6)
```
   8 9
 + 5 6
───────
```

(7)
```
   8 6
 + 6 6
───────
```

(8)
```
   9 5
 + 5 8
───────
```

(9)
$$\begin{array}{r} 30 \\ + 78 \\ \hline \end{array}$$

(10)
$$\begin{array}{r} 78 \\ + 52 \\ \hline \end{array}$$

(11)
$$\begin{array}{r} 96 \\ + 44 \\ \hline \end{array}$$

(12)
$$\begin{array}{r} 84 \\ + 56 \\ \hline \end{array}$$

(13)
$$\begin{array}{r} 80 \\ + 27 \\ \hline \end{array}$$

(14)
$$\begin{array}{r} 38 \\ + 88 \\ \hline \end{array}$$

(15)
$$\begin{array}{r} 58 \\ + 92 \\ \hline \end{array}$$

(16)
$$\begin{array}{r} 67 \\ + 91 \\ \hline \end{array}$$

(17)
$$\begin{array}{r} 58 \\ + 59 \\ \hline \end{array}$$

(18)
$$\begin{array}{r} 36 \\ + 69 \\ \hline \end{array}$$

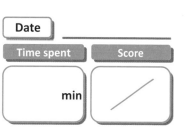

Date

Time spent   Score

min

♠ **Add.**

(1)
```
  9 4
+ 5 7
```

(2)
```
  8 7
+ 4 5
```

(3)
```
  8 1
+ 5 9
```

(4)
```
  1 5
+ 9 2
```

(5)
```
  7 8
+ 5 7
```

(6)
```
  7 3
+ 3 0
```

(7)
```
  4 2
+ 7 9
```

(8)
```
  9 1
+ 3 7
```

9) You collected 57 stickers last month and 49 stickers this month. If you didn't use any stickers, how many stickers do you have now in total?

Equation: _____

Answer: _____

10) You helped mom clean the house for 95 minutes last week and for 87 minutes this week. How many total minutes did you help mom last and this week all together?

Equation: _____

Answer: _____

D – 1: Answers

Week 1

1 (p. 5 ~ 6)

① 71 ② 61 ③ 70 ④ 68 ⑤ 82
⑥ 99 ⑦ 30 ⑧ 43 ⑨ 77 ⑩ 66
⑪ 34 ⑫ 61 ⑬ 50 ⑭ 71

2 (p. 7 ~ 8)

① 40 ② 83 ③ 46 ④ 67 ⑤ 40
⑥ 76 ⑦ 83 ⑧ 87
⑨ 26 + 15 = 41, 41 birds
⑩ 38 + 45 = 83, 83 apples

3 (p. 9 ~ 10)

① 68 ② 51 ③ 45 ④ 97 ⑤ 73
⑥ 86 ⑦ 65 ⑧ 64 ⑨ 84 ⑩ 66
⑪ 96 ⑫ 50 ⑬ 60 ⑭ 53 ⑮ 98
⑯ 70 ⑰ 81 ⑱ 69

4 (p. 11 ~ 12)

① 70 ② 52 ③ 89 ④ 46 ⑤ 74
⑥ 70 ⑦ 62 ⑧ 85
⑨ 45 + 48 = 93, 93 students
⑩ 37 + 43 = 80, 80 years

5 (p. 13 ~ 14)

① 72 ② 83 ③ 93 ④ 77 ⑤ 72
⑥ 75 ⑦ 75 ⑧ 81 ⑨ 77 ⑩ 80
⑪ 87 ⑫ 81 ⑬ 90 ⑭ 75 ⑮ 71
⑯ 82 ⑰ 70 ⑱ 81

6 (p. 15 ~ 16)

① 90 ② 75 ③ 81 ④ 76 ⑤ 90
⑥ 79 ⑦ 92 ⑧ 82
⑨ 65 + 27 = 92, 92 cows and sheep
⑩ 38 + 59 = 97, 97 blocks

7 (p. 17 ~ 18)

① 91 ② 96 ③ 95 ④ 90 ⑤ 88
⑥ 87 ⑦ 93 ⑧ 95 ⑨ 95 ⑩ 92
⑪ 98 ⑫ 92 ⑬ 87 ⑭ 92 ⑮ 97
⑯ 91 ⑰ 90 ⑱ 88

8 (p. 19 ~ 20)

① 92 ② 90 ③ 97 ④ 99 ⑤ 92
⑥ 86 ⑦ 95 ⑧ 91
⑨ 57 + 28 = 85, 85 times
⑩ 33 + 35 = 68, 68 minutes

9 (p. 21 ~ 22)

① 83 ② 94 ③ 93 ④ 72 ⑤ 60
⑥ 78 ⑦ 30 ⑧ 65 ⑨ 60 ⑩ 55
⑪ 98 ⑫ 71 ⑬ 92 ⑭ 71 ⑮ 88
⑯ 42 ⑰ 87 ⑱ 90

10 (p. 23 ~ 24)

① 87 ② 41 ③ 45 ④ 80 ⑤ 67
⑥ 78 ⑦ 68 ⑧ 96
⑨ 38 + 39 = 77, 77 books
⑩ 61 + 32 = 93, 93 trees

Week 2

11 (p. 27 ~ 28)

① 42 ② 65 ③ 37 ④ 97 ⑤ 29
⑥ 65 ⑦ 83 ⑧ 89 ⑨ 64 ⑩ 86
⑪ 85 ⑫ 93 ⑬ 91 ⑭ 74 ⑮ 83
⑯ 78 ⑰ 78 ⑱ 96

12 (p. 29 ~ 30)

① 91 ② 74 ③ 41 ④ 92 ⑤ 47
⑥ 90 ⑦ 87 ⑧ 73
⑨ 46 + 37 = 83, 83 hamburgers
⑩ 35 + 27 = 62, 62 fish

13 (p. 31 ~ 32)

① 62 ② 42 ③ 46 ④ 63 ⑤ 84
⑥ 68 ⑦ 98 ⑧ 80 ⑨ 94 ⑩ 80
⑪ 80 ⑫ 71 ⑬ 37 ⑭ 79 ⑮ 74
⑯ 91 ⑰ 89 ⑱ 82

14 (p. 33 ~ 34)

① 95 ② 71 ③ 73 ④ 83 ⑤ 59
⑥ 81 ⑦ 92 ⑧ 61

⑨ 27 + 31 = 58, 58 emails

⑩ 65 + 16 = 81, 81 people

① 83　② 70　③ 65　④ 90　⑤ 62

⑥ 57　⑦ 95　⑧ 92　⑨ 75　⑩ 77

⑪ 87　⑫ 97　⑬ 55　⑭ 86　⑮ 84

⑯ 77　⑰ 94　⑱ 60

① 83　② 87　③ 41　④ 70　⑤ 78

⑥ 73　⑦ 99　⑧ 82

⑨ 45 + 35 = 80, 80 pages

⑩ 21 + 17 = 38, 38 days

① 90　② 72　③ 88　④ 94　⑤ 29

⑥ 73　⑦ 62　⑧ 57　⑨ 54　⑩ 91

⑪ 50　⑫ 92　⑬ 72　⑭ 96　⑮ 81

⑯ 66　⑰ 55　⑱ 91

① 82　② 81　③ 62　④ 52　⑤ 83

⑥ 87　⑦ 74　⑧ 90

⑨ 23 + 18 = 41, 41 leaves

⑩ 37 + 29 = 66, 66 passengers

① 90　② 71　③ 69　④ 82　⑤ 89

⑥ 68　⑦ 90　⑧ 51　⑨ 96　⑩ 39

⑪ 65　⑫ 75　⑬ 90　⑭ 91　⑮ 61

⑯ 74　⑰ 91　⑱ 78

① 71　② 41　③ 47　④ 70　⑤ 77

⑥ 82　⑦ 58　⑧ 91

⑨ 25 + 16 = 41, 41 pencils

⑩ 48 + 18 = 66, 66 people

Week 3

① 110　② 122　③ 127　④ 132　⑤ 110

⑥ 130　⑦ 121　⑧ 123　⑨ 129　⑩ 149

⑪ 124　⑫ 136　⑬ 141　⑭ 107

① 111　② 130　③ 121　④ 153　⑤ 105

⑥ 101　⑦ 131　⑧ 114

⑨ 65 + 58 = 123, 123 items

⑩ 76 + 69 = 145, 145 people

① 107　② 121　③ 115　④ 126　⑤ 142

⑥ 159　⑦ 103　⑧ 161　⑨ 109　⑩ 150

⑪ 151　⑫ 146　⑬ 120　⑭ 115　⑮ 105

⑯ 112　⑰ 157　⑱ 101

① 130　② 144　③ 141　④ 155　⑤ 103

⑥ 113　⑦ 146　⑧ 111

⑨ 56 + 65 = 121, 121 people

⑩ 39 + 76 = 115, 115 jelly beans

① 111　② 123　③ 163　④ 137　⑤ 101

⑥ 181　⑦ 118　⑧ 157　⑨ 128　⑩ 129

⑪ 117　⑫ 140　⑬ 142　⑭ 113　⑮ 150

⑯ 125　⑰ 144　⑱ 105

① 151　② 134　③ 103　④ 108　⑤ 138

⑥ 109　⑦ 140　⑧ 126

⑨ 46 + 65 = 111, 111 cookies

⑩ 32 + 78 = 110, 110 miles

① 101　② 151　③ 141　④ 162　⑤ 132

⑥ 122　⑦ 109　⑧ 164　⑨ 120　⑩ 106

⑪ 139　⑫ 118　⑬ 147　⑭ 173　⑮ 161

⑯ 107　⑰ 139　⑱ 187

① 152　② 160　③ 147　④ 127　⑤ 113

⑥ 138 ⑦ 121 ⑧ 112

⑨ 56 + 45 = 101, 101 cats and dogs

⑩ 75 + 88 = 163, 163 pages

29 (p. 65 ~ 66)

① 153 ② 111 ③ 153 ④ 125 ⑤ 112

⑥ 121 ⑦ 114 ⑧ 132 ⑨ 129 ⑩ 106

⑪ 134 ⑫ 143 ⑬ 102 ⑭ 153 ⑮ 120

⑯ 117 ⑰ 145 ⑱ 135

30 (p. 67 ~ 68)

① 121 ② 104 ③ 116 ④ 173 ⑤ 148

⑥ 115 ⑦ 118 ⑧ 103

⑨ 90 + 82 = 172, 172 kids

⑩ 77 + 59 = 136, 136 books

Week 4

31 (p. 71 ~ 72)

① 110 ② 141 ③ 105 ④ 145 ⑤ 141

⑥ 115 ⑦ 135 ⑧ 117 ⑨ 110 ⑩ 134

⑪ 129 ⑫ 136 ⑬ 117 ⑭ 132 ⑮ 109

⑯ 125 ⑰ 130 ⑱ 150

32 (p. 73 ~ 74)

① 110 ② 112 ③ 105 ④ 102 ⑤ 134

⑥ 116 ⑦ 143 ⑧ 126

⑨ 65 + 77 = 142, 142 blocks

⑩ 52 + 69 = 121, 121 pants and t-shirts

33 (p. 75 ~ 76)

① 124 ② 125 ③ 112 ④ 105 ⑤ 117

⑥ 170 ⑦ 102 ⑧ 111 ⑨ 127 ⑩ 113

⑪ 125 ⑫ 124 ⑬ 142 ⑭ 138 ⑮ 110

⑯ 132 ⑰ 125 ⑱ 110

34 (p. 77 ~ 78)

① 142 ② 107 ③ 104 ④ 137 ⑤ 114

⑥ 102 ⑦ 145 ⑧ 108

⑨ 58 + 89 = 147, 147 pizzas

⑩ 76 + 79 = 155, 155 students

35 (p. 79 ~ 80)

① 122 ② 171 ③ 101 ④ 114 ⑤ 129

⑥ 110 ⑦ 108 ⑧ 134 ⑨ 141 ⑩ 106

⑪ 112 ⑫ 133 ⑬ 120 ⑭ 130 ⑮ 143

⑯ 160 ⑰ 121 ⑱ 132

36 (p. 81 ~ 82)

① 110 ② 124 ③ 105 ④ 119 ⑤ 130

⑥ 121 ⑦ 110 ⑧ 150

⑨ 56 + 69 = 125, 125 jelly beans and chocolates

⑩ 45 + 56 = 101, 101 minutes

37 (p. 83 ~ 84)

① 153 ② 141 ③ 154 ④ 128 ⑤ 130

⑥ 110 ⑦ 103 ⑧ 140 ⑨ 132 ⑩ 137

⑪ 113 ⑫ 134 ⑬ 142 ⑭ 110 ⑮ 141

⑯ 110 ⑰ 130 ⑱ 114

38 (p. 85 ~ 86)

① 131 ② 114 ③ 133 ④ 107 ⑤ 110

⑥ 124 ⑦ 142 ⑧ 110

⑨ 55 + 57 = 112, 112 minutes

⑩ 68 + 79 = 147, 147 dollars

39 (p. 87 ~ 88)

① 110 ② 143 ③ 131 ④ 122 ⑤ 135

⑥ 145 ⑦ 152 ⑧ 153 ⑨ 108 ⑩ 130

⑪ 140 ⑫ 140 ⑬ 107 ⑭ 126 ⑮ 150

⑯ 158 ⑰ 117 ⑱ 105

40 (p. 89 ~ 90)

① 151 ② 132 ③ 140 ④ 107 ⑤ 135

⑥ 103 ⑦ 121 ⑧ 128

⑨ 57 + 49 = 106, 106 stickers

⑩ 95 + 87 = 182, 182 minutes

Tiger Math

ACHIEVEMENT AWARD

THIS AWARD IS PRESENTED TO

_____

(student name)

FOR SUCESSFULLY COMPLETING

TIGER MATH LEVEL D – 1.

Dr. Tiger

_____

Dr.Tiger